2019
江苏省海洋经济发展报告

江苏省自然资源厅　编著

U0202182

海洋出版社

2019年·北京

图书在版编目（CIP）数据

2019江苏省海洋经济发展报告 / 江苏省自然资源厅
编著. — 北京：海洋出版社, 2019.12
ISBN 978-7-5210-0545-5

Ⅰ. ①2… Ⅱ. ①江… Ⅲ. ①海洋经济－区域经济发
展－研究报告－江苏－2019 Ⅳ. ①P74

中国版本图书馆CIP数据核字(2019)第300384号

责任编辑：杨传霞　林峰竹
责任印制：赵麟苏

海洋出版社 出版发行
http://www.oceanpress.com.cn
北京市海淀区大慧寺路 8 号　　邮编：100081
中煤（北京）印务有限公司印刷　　新华书店北京发行所经销
2019年12月第1版　　2019年12月第1次印刷
开本：787 mm × 1092 mm　　1 / 16　　印张：5.25
字数：52千字　　定价：45.00元
发行部：62132549　邮购部：68038093　总编室：62114335
海洋版图书印、装错误可随时退换

前　言

　　21世纪是海洋的世纪。发展海洋经济，建设海洋强国，是时代的需要，是我国的战略选择。1996年，国务院制订《中国海洋经济21世纪议程》，被称为我国"第一个海洋发展纲领"。2007年，党的十七大提出"实施海洋开发"和"发展海洋产业"。2012年，党的十八大明确提出"建设海洋强国"战略目标。2017年，党的十九大进一步提出，"坚持陆海统筹，加快建设海洋强国"。

　　习近平总书记高度重视我国海洋事业的发展，发表了一系列重要论述，从国家安全、经济建设、国际合作等方面阐明了海洋强国的重要意义，为海洋强国建设指明了方向。2018年，习近平总书记多次对发展海洋经济作出重要指示。3月8日，习近平总书记在参加十三届全国人大一次会议山东代表团审议时提出"海洋是高质量发展战略要地"的重要论断。4月12日，习近平总书记在海南考察期间指出，"我国是一个海洋大国，海域面积十分辽阔。一定要向海洋进军，加快建设海洋强国"。6月12日，习近平总书记在青岛海洋科学与技术试点国家实验室考察时强调，"海洋经济发展前途无量。建设海洋强国，必须进一步关心海洋、认识海洋、经略海洋，加快海洋科技创新步伐"。12月3日，习近平总书记在对葡萄牙进行国事访问前夕，在葡萄牙《新闻日报》发表署名文章，提出中葡开展海洋合作，做"蓝色经济"的先锋，让浩瀚海洋造福子孙后代。

　　江苏是海洋大省，海洋资源丰富，江海联动区位优势独特。发展海洋经济、建设海洋强省，是江苏省坚定不移的战略选择。近年来，江苏积极推进"1+3"功能区战略布局，打造东部沿海蓝色增长极，加快建设海洋经济强省，海洋经济在全省发展大局中的地位不断提升。2018年，全省以习近平新时代中国特色社会主义思想为指导，认真贯彻落实党中央、国务院关于加快建设海洋强国的战略部署，坚持陆海统筹、江海联动、集约开发、生态优先，深入推进海洋领域供给侧结构性改革，海洋产业结构不断优化，海洋新动能加速汇聚，海洋"蓝色引擎"作用持续发挥，为推动全省经济高质量发展提供强大动力。2018年12月召开的中共江苏省委十三届五中全会提出，要"大力发展海洋经济，充分发挥相关市县优势，隆起沿海经济带"。

为了全面总结2018年江苏省海洋经济发展情况，引导社会公众进一步了解海洋、认识海洋、关注海洋，江苏省自然资源厅组织编制了《2019江苏省海洋经济发展报告》（以下简称《报告》）。《报告》总结回顾了2018年江苏省海洋经济发展和管理工作，对沿海三市以及沿江七市的主要海洋经济运行情况进行了深入分析，研究提出下一步海洋经济发展和管理工作的重点和方向。希望借助《报告》的出版发行，为各级政府和相关部门、涉海企业和海洋经济工作者以及关心江苏海洋经济发展的读者提供参考借鉴。

《报告》是在江苏省自然资源厅海洋规划与经济处统筹指导下，由江苏省海洋经济监测评估中心组织编写，江苏省社会科学院予以鼎力支持。《报告》的编写，也得到了江苏省发展和改革委员会、江苏省统计局及沿海沿江市（县、区）自然资源部门的大力支持，在此一并表示感谢。

由于编者学识和水平有限，错误与不足之处在所难免，衷心企盼广大读者批评指正。

编　者

2019年12月

目 录

第一篇 综合篇

第二篇　区域篇

第一篇　综合篇

第一章 2018年海洋经济宏观形势分析

第一节 世界海洋经济发展态势

1. 海洋强国出台海洋新战略

美国高度重视海洋经济发展，2004年颁布《21世纪海洋蓝图》，并公布《美国海洋行动计划》，对美国海洋事业和海洋产业发展进行谋划。2018年6月，美国总统特朗普签署《促进美国经济、安全和环境利益的海洋政策》行政令，废除奥巴马时期"保护脆弱的海洋环境"的海洋政策，代之为"有效开发利用海洋资源，促进海洋经济发展"的施政方针。2018年3月，英国政府科学管理办公室发布《预见未来海洋》报告，提出重点发展海事商务服务、高附加值的海洋制造业、海上风电、海洋科学等海洋关键行业。2018年5月，日本启动第三期《海洋基本计划》，将海洋发展重心由海底资源开发利用调整为海洋权益维护与海上安全保障。

2. 海洋产业科技创新进入新时代

根据新华社发布的《全球海洋科技创新指数报告（2018）》，

全球海洋科技创新指数前十位的国家分别是：美国、德国、日本、法国、中国、韩国、澳大利亚、荷兰、挪威、英国。海洋强国纷纷依托科技优势布局产业前沿领域。2018年5月，韩国大宇造船与英特尔签署谅解备忘录，共同建立智能船舶4.0服务基础设施，构建基于云计算、物联网等技术，实时收集数据并基于数据分析来管理船舶的架构体系。2019年8月，挪威航运巨头威尔森和康士伯联手建立的全球首家无人船航运公司投入运营，为无人船提供完整的价值链服务，涵盖设计、开发、控制系统、物流服务和船舶运营，使无人船从概念阶段正式进入商业时代。

第二节 全国海洋经济发展形势

1.海洋经济持续稳健增长

2018年，全国各地各部门紧紧围绕中央关于加快建设海洋强国的战略部署，深化海洋领域供给侧结构性改革，海洋经济呈现总体平稳的发展态势。12月29日，中共中央、国务院发布《关于建立更加有效的区域协调发展新机制的意见》（以下简称《意见》）。《意见》提出，加强海洋经济发展顶层设计，完善规划体系和管理机制，研究制定陆海统筹政策措施，推动建设一批海洋经济示范区。推动海岸带管理立法，完善海洋经济标准体系和指标体系，健全海洋经济统计、核算制度，提升海洋经济监测评估能力，强化部门间数据共享，建立海洋经济调查体系。

《2018年中国海洋经济统计公报》显示，初步核算，2018年全国海洋生产总值83 415亿元，同比增长6.7%，海洋生产总值占国内生产总值的比重为9.3%。海洋经济"引擎"作用不断增强，海洋生产总值从2001年到2018年平均每6年翻一番。海洋经济在国民经济中的份额保持稳定，海洋生产总值占国内生产总值的比重连续10多年保持在9.0%以上。

2. 海洋产业结构不断优化

海洋产业结构不断优化，海洋第一产业增加值3 640亿元，第二产业增加值30 858亿元，第三产业增加值48 916亿元，占海洋生产总值的比重分别为4.4%、37.0%和58.6%。海洋第三产业增加值占比连续8年稳步提升，拉动海洋生产总值增长近5个百分点，贡献率超过70.0%，成为海洋经济增长的主要拉动力。

3. 海洋经济新动能快速成长

2018年，全国海洋新兴产业和新业态快速成长，海洋可再生能源利用业、海洋药物和生物制品业、海水淡化和综合利用业增加值同比分别增长12.8%、9.6%和7.9%。海洋生物医药企业主营业务收入保持较快增长，同比增长7.5%；海洋可再生能源利用业发展势头良好，海上风电装机规模不断扩大，2018年新增装机容量达到180万千瓦，同比增长55.2%。

第三节 地区海洋经济发展动态

1.各地制定实施海洋经济相关战略

广东省重点扶持海洋电子信息、海上风电、海洋生物、海工装备、天然气水合物、海洋公共服务六大海洋产业，从2018年起连续三年，该省财政厅每年安排3亿元专项资金加以扶持。2018年，广东省海洋生产总值1.93万亿元，占全省地区生产总值的近1/5，连续24年位居全国首位。2018年5月，山东省委、省政府印发《山东海洋强省建设行动方案》，明确了山东海洋强省建设的行动方向、行动目标、行动重点等内容，提出将以"十大行动"为重点，打造"龙头引领、湾区带动、海岛协同、半岛崛起、全球拓展"的山东海洋强省建设总体格局。2018年，山东省海洋生产总值1.55万亿元，占全省地区生产总值的1/5。2018年11月，福建省委、省政府出台《关于进一步加快建设海洋强省的意见》，提出以科学开发利用海峡、海湾、海岛、海岸资源为重点，打造海洋经济高质量发展实践区，到2025年建成海洋强省。2018年，福建省海洋生产总值达10 660亿元，首次突破万亿大关。

2. 海洋经济增速呈南高北低态势

2018年，北部海洋经济圈海洋生产总值26 219亿元，比上年名义增长7.0%，占全国海洋生产总值的比重为31.4%；东部海洋经济圈海洋生产总值24 261亿元，比上年名义增长8.0%，占全国海洋生产总值的比重为29.1%；南部海洋经济圈海洋生产总值32 934亿元，比上年名义增长10.6%，占全国海洋生产总值的比重为39.5%。全国海洋经济圈经济增速呈现南高北低格局，海洋经济区域分化态势持续深化。

第二章 2018年江苏省海洋经济发展情况

第一节 海洋经济发展总体情况

江苏省地处我国沿海地区中部和"一带一路"交汇地带，区位优势突出，战略地位重要，发展海洋经济潜力巨大、前景广阔。全省国土面积约占全国1%，人口约占全国6%，GDP总量约占全国10.3%，经济比较发达。江苏省委省政府重视发展海洋经济，2018年12月26日，江苏省委十三届五次全会明确九项重点工作，其中第六项是："统筹推进区域协调发展，认真研究江苏融入长三角区域一体化发展的目标定位和实现路径……大力发展海洋经济，隆起沿海经济带。"

1. 海洋经济综合实力显著提升

2018年，江苏省坚持稳中求进工作总基调，深入贯彻落实新发展理念，统筹做好改革发展稳定工作，凝心聚力、务实笃行，经济运行总体平稳、稳中有进，综合实力显著增强，财政政策加力提效，新旧动能接续转换，质量效益稳步提升，城乡建设统筹推进，民生福祉日益改善，高质量发展实现良好开局，经济总量再上新台阶，全年实现地区生产总值92 595.4亿元，比上年增长6.7%，稳居全国第二。

坚持"陆海统筹、江海联动、集约开发、生态优先"，顺应新时代新要求，着力提质增效，推动海洋经济高质量发展。海洋产业不断优化升级，海洋产业结构调整继续深化，海洋经济向高质量发展迈进。初步核算，2018年江苏省海洋生产总值达到7 618.8亿元，同比增长9.8%，高于地区生产总值2个百分点，对国民经济增长贡献率达到10.2%，占地区生产总值比重为8.2%，拉动国民经济增长0.8个百分点；全省海洋生产总值与"十一五"末的3 550亿元相比，总量翻了一番多，海洋经济在国民经济中的比重保持稳定，海洋生产总值占地区生产总值的比重连续10多年保持在8.0%以上（图2-1）。

图2-1 2013—2018年江苏省海洋生产总值情况

从区域发展来看，沿海三市（连云港市、盐城市、南通市）海洋生产总值达3 906.8亿元，占全省海洋生产总值比重达51.3%，占沿海三市地区生产总值的23.4%，是江苏省海洋经济发展名副其实的重心区和主阵地。沿江城市海洋船舶工业与海洋工程装备制造业等优势产业深度转型，海洋交通运输业取得突破，海洋科技创新优势进一步提升。

2.海洋产业结构持续优化

2018年，江苏省海洋经济结构进一步优化，海洋三次产业增加值比例为4.0∶46.9∶49.1，第一产业增加值304.8亿元，同比增长7.2%；第二产业增加值3 573.2亿元，同比增长9.4%；第三产业增加值3 740.8亿元，同比增长10.5%，以服务业为主导的产业结构更加巩固。主要海洋产业、海洋科研教育管理服务业、海洋相关产业增加值占海洋生产总值的比重分别为37.9%、21.3%和40.8%（图2-2）。江苏省主要海洋产业增加值2 893.8亿元，同比增长8.2%；海洋科研教育管理服务业增加值1 665.0亿元，同比增长13.7%；海洋相关产业增加值3 060.0亿元，同比增长9.4%。海洋传统产业加快转型升级，海洋新兴产业发展势头迅猛，海洋药物和生物制品业、海洋工程装备制造业、海洋可再生能源利用业等高附加值、高效益产业增速较快。

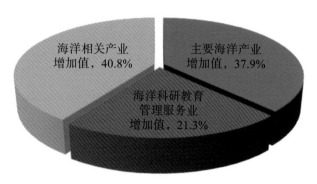

图2-2　2018年江苏省海洋及相关产业增加值构成

第二节　主要海洋产业发展情况

1.海洋渔业

海洋渔业持续优化发展。江苏省以推进渔业供给侧结构性改革为主线，全面构建现代渔业产业体系、生产体系、经营体系，加快推进现代渔业建设；坚持"提质增效、稳量增收、绿色发展、富裕渔民"的总目标，以推进质量兴渔、绿色兴渔、品牌兴渔为手段，积极培育渔业新产业新业态新模式，海洋渔业生产保持平稳增长。

2018年5月31日，原江苏省海洋与渔业局、江苏省财政厅印发《2018年省级海洋与渔业专项（第一批）实施指导意见》，支持实施渔业科技入户工程、挂县强渔富民工程、渔业人才培养工程，切实提升海洋与渔业科技水平。大力推动海洋捕捞渔船标准化改造工程，强化海上渔业执法，执行严格的渔业资源保护制度。2018年，江苏省实现海水养殖产量91.8万吨、海洋捕捞产量47.5万吨、远洋渔业产量1.5万吨，全年实现增加值336.3亿元，与上年基本持平。

2. 海洋船舶工业

海洋船舶工业面临的国际市场环境较为严峻，国际新造船市场竞争激烈，需求不足和产能过剩的矛盾仍然存在。2018年，波罗的海干散货运价指数（BDI）整体下滑，BDI全年平均指数达816点，同比下降0.5%。2018年度中国造船产能利用监测指数（CCI）为607点，同比下降10.5%，仍处于偏冷区间。图2-3为江苏建造的15.6万吨油轮。

图2-3　江苏建造的15.6万吨油轮

面对并不乐观的市场环境，依靠技术创新，江苏省海洋船舶工业深化结构调整加快转型升级，造船产业集中度稳步提高，三大造船指标持续向好（图2-4）。2018年，江苏省船舶工业整体运行质量依然在全国保持领先，重点监测的海洋船舶工业企业主营业务收入达2 564亿元。全省造船完工量为1 499万载重吨，同比增长6.1%，新承接订单量为1 799万载重吨，同比增长29.1%，手持订单量为4 202万载重吨，同比增长14.7%，分别占全国份额的43.3%、49.1%、47.0%，造船三大指标均位居全国榜首；全年实现增加值650.0亿元，同比增长5.4%。

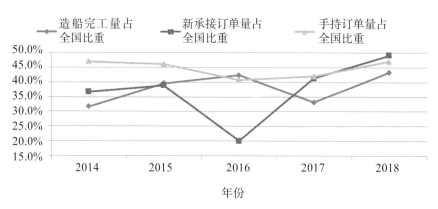

图2-4 江苏三大造船指标占全国的比重（2014—2018年）

2018年，江苏省海洋船舶工业抓住高技术船舶市场需求活跃的有利时机，大力提升液化天然气（LNG）运输船、大型液化石油气（LPG）运输船等产品的设计建造水平，打造高端品牌；积极开展极地航行船舶、清洁能源船舶、超大型矿砂船（VLOC）、大型工程船、南极磷虾捕捞船等高技术船舶开发，重点开发了LNG双燃料船舶、极地航行船舶、中/大型LNG船、汽车运输船等。2018年，招商局集团第一个豪华邮轮配套项目在招商工业江苏海门基地开工；南通中集太平洋海洋工程有限公司与Avenir LNG公司正式签订了4艘7 500立方米LNG运输加注船合同。以江苏扬子江船业集团公司、中船澄西船舶修造有限公司和南通中远海运川崎船舶工程有限公司等为代表的江苏骨干船企不断完善企业技术创新体系，加强创新研发投入，及时调整产品结构，为实现转型升级创造了良好的条件。

3. 海洋工程装备制造业

江苏省依托人才优势、科技优势、制造优势，初步打造形成以南通、镇江、泰州为主，辐射带动南京、无锡、盐城等地的海洋工程装备及配套装备建造基地，建立了相对齐全的上下游产业体系，培育了一批具有国际影响力的重点骨干企业，产业发展质量不断提升，保持全国领先。逐步掌握了海洋工程装备特有的设计、建造及安装调试技术，建立了与海洋工程装备项目特点相适应、与国际接轨的现代化项目管理模式和生产组织方式。

2018年，面对复杂多变的外部环境，江苏省海洋工程装备企业持续开拓高技术、高附加值市场，促进企业产品创新升级。海上风电安装平台、自升式海洋牧场平台、海上风电多功能抢修船和智能化渔场等新型海洋工程装备产品接连在江苏亮相。首艘由我国自主设计建造的亚洲最大自航绞吸挖泥船——"天鲲"号成功完成首次试航（图2-5）。世界首个驳船型浮式LNG储存及再气化装置（FSRU）等一批高技术海洋工程装备相继交付。

　　江苏省充分利用拥有的海上风电基础平台和海上风电连接装备技术、深海石油钻采用高强度钻杆、超长耐磨钻铤和超大口径接头、海洋管道检测系统、海洋石油地震地球物理勘探系统、自升式钻井平台钻具自动处理装置、海上聚驱采油智能控制油水分离成套装备、海洋油气高效分离装备、高精度光纤陀螺及导航定位系统等一大批海洋工程配套装备与设备技术成果，积极推动成果转化和产业化应用，努力打破国外公司的行业垄断，逐步替代高附加值海洋工程配套设备的进口。

图2-5　"天鲲"号挖泥船成功试航

4. 海洋药物和生物制品业

海洋蕴藏着丰富的生物资源，开发利用海洋生物资源、发展海洋药物和生物制品业拥有广阔的前景。江苏省高度重视海洋药物和生物制品研发，先后组建江苏省海洋生物技术合作联盟、江苏省海洋生物产业技术协同创新中心和江苏省药学会海洋药物专业委员会等，并批准设立江苏省海洋药用生物资源研究与开发重点实验室、江苏海洋大学海洋药物活性分子筛选重点实验室等多个海洋科技研发平台，围绕具有自主知识产权的、市场前景广阔的、健康安全的海洋创新药物和绿色、安全、高效的新型海洋生物功能制品进行了重点开发。

江苏省海洋药用生物资源研究与开发重点实验室在江苏沿海低值贝类的研究开发方面取得重大突破，江苏金壳生物医药科技有限公司甲壳生物多糖项目进入试生产阶段。全省以海洋生物制品为主、产业链条上下延伸的海洋药物和生物制品产业体系基本形成。2018年，海洋药物和生物制品业实现增加值49.1亿元，同比增长16.9%。

5. 海洋可再生能源利用业

江苏省拥有丰富的滩涂资源和海上风能资源，受台风等灾害性气候影响较小，是国家确定的唯一千万千瓦级海上风电基地。近年来，江苏省坚持践行新发展理念，以系统化思维推动海上风电高质量发展，以规划编制、发展创新、项目示范、合作交流为突破，积极有序推进海上风电产业发展。江苏省海洋可再生能源利用企业立足于"积极稳妥发展海上风电、确保进入行业第一梯队、逐步实现世界一流"的海上风电产业发展战略，持续探索海上风电发展新体制、新方法、新途径。国家电投江苏公司代建的上海电力大丰H3#300MW海上风电项目72台机组全容量并网，这是国内离岸距离最远的海上风场，创造了国内同类型海上风电建设施工工期最短、质量最优、安全最佳、收益最快等多项纪录。2018年4月，江苏车牛山岛海岛能源生态系统试验成功（图2-6）。该系统将原本独立运行的多个风电、光伏发电、储能、海水淡化等系统连接起来，进行智能调控、高效分配电能，保障整个海岛实现能量的清洁、高效供应。

图2-6　江苏车牛山岛海岛能源生态系统

2018年，江苏省海上风电装机容量达到302.5万千瓦，同比增长86.2%；海上风电发电量达到61.9亿千瓦时，同比增长89.9%，位居全国第一；全年实现增加值33.0亿元，同比增长32.0%。

6. 海水淡化和综合利用业

海洋中蕴藏着丰富的淡水，总量约占海水的97.0%，是巨大而稳定的淡水储库。我国沿海地区普遍面临着水资源短缺问题，水资源供需矛盾突出，已经成为制约经济社会可持续发展的一大"瓶颈"。作为水资源的重要补充和战略储备，海水淡化和综合利用是解决沿海地区水资源短缺的重要途径。江苏省是海水淡化和综合利用业发展的重要省份。在各项政策促进下，江苏省海水淡化潜能加速释放，海水淡化市场规模快速扩大。2018年，江苏丰海新能源淡化海水发展有限公司（图2-7）海水淡化产量达到9 693.3吨，同比增长15.8%。全省海水淡化和综合利用业保持较快增长，全年实现增加值1.1亿元，同比增长10.0%。

图2-7　江苏丰海新能源淡化海水发展有限公司

7. 海洋交通运输业

面对复杂多变的国内外经济形势，江苏省海洋交通运输业创新发展，实现稳健运行。到2018年年底，江苏省拥有港口生产性泊位数5 480个，万吨级以上泊位数497个，港口综合通过能力达到20.0亿吨，集装箱通过能力达到1 613.6万标箱，全省港口完成货物吞吐量25.8亿吨，同比增长0.6%。沿海沿江规模以上港口生产持续增长，完成货物吞吐量21.1亿吨，同比增长3.5%；集装箱吞吐量1 765.8万标箱，同比增长3.9%。全年实现增加值1 096.0亿元，同比增长5.5%。其中，2018年，连云港港口累计完成货物吞吐量23 561万吨，同比增长3.1%（图2-8）。该港口投入23亿元，加快徐圩港区公共管廊及液化烃码头、新世纪石油化工、30万吨级原油码头等合作项目的进度，使当地产业占全港吞吐量的比重提升至20%。

长江南京以下-12.5米深水航道工程是全国内河水运投资规模最大、技术和建设环境最复杂的重点工程。一期工程在太仓至南通约56千米河段建设深水航道，2015年12月通过竣工验收。二期工程在南通至南京约227千米河段建设深水航道，2018年5月，长江-12.5米深水航道二期工程按照"先通后畅"思路提前试运行，海进江运量增长迅速，进一步推动南京以下各个江港"海港化"，通航后的5—12月，江苏省沿江8个港口合计完成货运吞吐量8.6亿吨，同比增长5.6%；完成外贸货物吞吐量1.4亿吨，同比增长3.3%。10万、20万吨级以上船舶到港数量分别为117艘次、

386艘次，约是试运行前2017年同期的1.3倍、1.1倍，最大到港船舶达25万吨级。

图2-8 江苏连云港港

2018年7月，江苏省委十三届四次全会提出"发挥江海联运优势，按照国际先进标准，全力推进通州湾港口建设，打造江苏新的出海口"。9月，《江苏省长江经济带综合立体交通运输走廊规划（2018—2035）》经省委、省政府同意印发，提出要支撑连云港充分发挥"一带一路"战略支点作用；打造南京为江海转运功能突出、辐射带动效应显著、具有国际资源配置能力的区域性航运物流中心；打造苏州港成为上海国际航运中心的重要组成部分，同时承担长江三角洲地区大宗散货海进江中转运输服务；开展通州湾江海联动示范区建设，在陆海统筹、江海联运、江海产业联动等方面发挥先导作用和示范效应。这对于提升江苏省港口等级，提升服务国家战略能力具有重要意义。

2018年8月，江苏省交通运输厅印发《江苏省绿色港口建设三年行动计划（2018—2020年）》，明确每年要建成一批资源利用集约高效、生态环境清洁友好、运输组织科学合理的绿色港口（港区）。江苏省着力实施绿色港口工程，在长江、沿海干线建设一定数量的不同类型的典型绿色港口，实施多个节能、环保、生态方面的支撑项目，引导沿江沿海港口绿色发展。建立港口绿色发展长效机制，大力推进沿江沿海老旧码头改造搬迁及长江干线非法码头治理。

8. 海洋旅游业

在政策引领下，整合沿海地区山、海、岛、沙滩、生态湿地、珍稀野生动物等特色资源，开发以淤泥质潮坪海岸、滨海湿地为江苏特色的沿海旅游产品，建成贯穿沿海三市，江海联动，以休闲、度假、生态旅游为特色的"南黄海旅游带"，持续打造山海神话文化旅游、江海国际旅游节、"连云港之夏"旅游节等系列品牌活动。在日本、香港等重要客源地设立江苏旅游推广中心，在欧美以及"一带一路"重点国家加大旅游推广力度。实施服务设施改造，建成G38等沿海景观大道，在沿线布局一批特色旅游小镇、休闲旅游度假区等沿海旅游休闲新基地。2018年，江苏省海洋旅游业继续保持较快发展，滨海旅游国内接待人次和收入再创新高，全年沿海三市接待游客11 929.4万人次，同比增长12.7%；全年实现增加值513.2亿元，同比增长13.0%。图2-9为江苏连云港海滨浴场。

图2-9　江苏连云港海滨浴场

第三节　海洋经济管理有效加强

1. 起草编制《江苏省海洋经济促进条例》

针对江苏省海洋经济发展的现实情况和需要，经江苏省委批准，省十二届人大常委会将《江苏省海洋经济促进条例》列入了五年立法规划，并列为2017年的立法调研项目，省十三届人大常委会列为2018年的正式立法项目。

2016年，原江苏省海洋与渔业局启动《江苏省海洋经济促进条例（草案）》（以下简称《条例（草案）》）的起草工作，成立起草小组，制定了起草工作计划。起草小组邀请海洋经济、区域经济及法律方面专家开展调研活动，对海洋经济发展中的突出问题进行研究，吸收并借鉴国家、江苏省及其他沿海省份海洋经济相关立法资料和政策文件，形成《条例（草案）》初稿。在广泛征求有关部门和单位意见基础上，经多次修改完善，形成了《条例（草案）》（送审稿），于2018年6月报送江苏省政府。

原江苏省政府法制办初步修改后，书面征求了江苏省政府有关部门及13个设区市政府的意见，并根据有关法律、行政法规，结合江苏省实际，对《条例（草案）》进行了多次修改。原江苏省政府法制办会同原江苏省海洋与渔业局赴南通等地进行立法调研，实地考察了涉海企业和海洋项目的发展和管理现状，召开了由当地有关政府部门、金融单位以及涉海企业参加的座谈会，充分吸收座谈会有关意见建议，对《条例（草案）》进行了修改完善。2018年10月18日，江苏省政府第17次常务会议讨论通过《江苏省海洋经济促进条例（草案）》，报送省人大审议。2018年11月20日，江苏省十三届人大常委会第六次会议一审通过《江苏省海洋经济促进条例（草案）》。

2. 成功获批国家海洋经济发展示范区

海洋经济发展示范区是承担海洋经济体制机制创新、海洋产业集聚、陆海统筹发展、海洋生态文明建设、海洋权益保护等重大任务的区域性海洋功能平台。根据国家发展改革委、原国家海洋局

《关于促进海洋经济发展示范区建设发展的指导意见》（发改地区〔2016〕2702号）和《关于开展海洋经济发展示范区建设有关工作的通知》精神，江苏省认真组织开展国家海洋经济示范区申报工作，向国家发展改革委、原国家海洋局申报连云港市、盐城市为国家海洋经济示范区。2018年12月，国家发展改革委、自然资源部联合印发《关于建设海洋经济发展示范区的通知》，支持14个海洋经济发展示范区建设。其中，江苏省连云港和盐城两个海洋经济发展示范区获批。连云港海洋经济发展示范区的主要任务是推进国际海陆物流一体化深度合作创新，开展蓝色海湾综合整治。盐城海洋经济发展示范区的主要任务是探索滩涂与海洋资源综合利用模式，推进海洋生态保护管理协调机制改革。

3. 扎实推进海洋经济创新示范园区建设

上海合作组织（连云港）国际物流园区围绕打造中亚-环太平洋的商贸物流集散中心、服务上合组织成员国的国际物流合作中心、现代物流业创新发展的试验示范园区的目标，积极发展国际多式联运业务，在服务中亚、欧洲国家间互联互通、国际物流深度合作中取得突破性进展，获"2018年全国优秀物流园区"称号。

启东海工船舶工业园紧盯"世界知名、中国一流海工及重装备产业基地"目标不动摇，吸引中远、中集、振华重工等一批国内知名企业落户，产业涉及海洋工程装备、特种船舶制造、重大技装备、海工船舶配套等领域，总投资超过300亿元。

2018年7月，如东洋口港经济开发区正式获批省级开发区，临港产业区已分布形成新能源、新材料、装备制造等优势产业板块。加快推进洋口港保税物流中心建设，建成投用后，可以为洋口港及周边地区企业提供高效的保税物流服务。

盐城新能源淡化海水产业示范园依托央企实力和品牌优势，拉长产业链。发展智能微网与海水淡化集成设备，逐步实现小型化、模块化，为海岛等偏远缺水地区提供淡水生产装备，其风光储互补智能微电网海水淡化技术国内首创、国际领先。

东台海洋工程特种装备产业园被盐城市政府命名为盐城市优质产品生产示范区，被东台市政府列为东台市市级产业园重点培育，2018年1月入选首批"江苏省乡镇电子商务特色产业园（街）区"。

4. 出台《江苏省海洋主体功能区规划》

海洋主体功能区规划是海洋空间开发的战略性、基础性和约束性规划，对于统筹海洋空间开发活动，优化海洋产业结构和空间布局具有重要意义。2018年7月，经江苏省人民政府同意，原江苏省海洋与渔业局与江苏省发展改革委联合印发《江苏省海洋主体功能区规划》，范围涵盖江苏省所辖海域及内水和领海，是江苏省推进形成海洋主体功能区布局的基本依据、科学开发海洋空间的行动纲领和远景蓝图。

《江苏省海洋主体功能区规划》坚持陆海统筹、尊重自然、优化结构、集约开发原则，以沿海15个县级行政区管理海域为基本单元，确定了海洋主体功能区定位，分别划分为优化开发区域、重点开发区域和限制开发区域三种类型。其中，优化开发区域海洋开发强度控制在0.78%以内，重点开发区域海洋开发强度控制在2.76%以内，限制开发区域海洋开发强度控制在0.28%以内。此外，该规划将海洋自然保护区、领海基点所在岛屿划为禁止开发区域。此次规划提出按照海洋主体功能分区实施差别化政策，按照不同海洋主体功能区类型进行精细化保护和利用，将进一步优化海洋经济结构，在保持江苏省海洋制造等产业优势的前提下，优化近岸海域风电场新能源产业布局，同时大力发展海洋现代服务业，实现江苏省海洋经济"弯道超车"。

5. 开展《江苏省"十三五"海洋经济发展规划》中期评估

2018年9月，原江苏省海洋与渔业局对《江苏省"十三五"海洋经济发展规划》进行了中期评估，完成中期评估报告。

评估结果显示，"十三五"以来，江苏省综合开发海洋资源，积极推进沿海开发，全省海洋经济发展总体上保持了平稳增长的态势，海洋三次产业结构逐步优化，海洋交通运输业、海洋船舶工业、海洋渔业、海洋旅游业等海洋主导产业稳步发展，海洋工程装备制造业、海洋可再生能源利用业、海洋药物和生物制品业、海水淡化和综合利用业等海洋新兴产业实现跨越式发展。规划确定的海洋经济总量持续增长、海洋产业结构进一步优化、海洋生态环境持续改善等海洋工作主要目标和重点任务均按时间节点有序推进和落实。

评估报告分析了规划实施面临的困难和制约因素，主要是海洋经济总量和质量双提升任务艰巨、海洋产业同质化发展日渐突出、海洋科技创新能力亟待提高、海洋生态环境保护形势依然严峻。下一步，要完善海洋经济发展协调机制，制定产业政策、投资政策、财税政策、金融政策等各项支持政策，提高海洋经济发展质量，加强海洋经济监测评估和海洋经济发展战略研究，提升海洋防灾减灾能力。

6. 组织开展江苏省第一次全国海洋经济调查

第一次全国海洋经济调查是经国务院批准同意开展的一项重大国情国力调查，旨在摸清海洋经济"家底"，科学筹划海洋经济长远发展。此次海洋经济调查涉及江苏省所有13个设区市、28个海洋及相关产业、近15个涉海部门。为科学有序开展海洋经济调查工作，2016年年底，成立了以分管副省长为组长的江苏省第一次全国海洋经济调查领导小组，印发了《江苏省第一次全国海洋经济调查实施方案》，召开了动员部署会。各设区市也成立了海洋经济调查机构，编制并上报了调查实施方案。

2018年，江苏省完成了第一次海洋经济调查入户工作，通过涉海单位入户清查，对筛选判定出的海洋产业法人单位开展了海洋产业调查。完成了对13个设区市海洋经济调查的省级验收，其中连云港市在江苏省乃至全国率先通过省级验收。江苏省第一次全国海洋经济调查工作亮点纷呈。一是通过深入研究，从技术角度上创新地提出了底册初筛，将明显不属于涉海范围的企业名录做会审筛查，将清查工作效率提升了两倍以上。二是开创性地设计了"调查小助手"系列工具书，辅助调查员入户，深受基层调查员欢迎。三是创办了江苏省第一次全国海洋经济调查微信公众号，定期推送与海洋经济调查有关的各种资讯；组织以海洋经济调查为主题的"迎元旦、环湖走"宣传活动，邀请原中国女排队长惠若琪拍摄宣传片，利用报纸、电视、网络、户外媒体、手机短信等多样化开展宣传。有的地市还通过电视直播举办"海调杯"知识竞赛，拍摄《海洋梦中国梦》MV，组织调查员进行以海洋经济调查为主题的长跑和书法展，营造了良好的宣传舆论氛围。四是扩大质量控制抽样范围，作为全国唯一一个省份做了清查表全面审核，有效提升了调查数据质量。江苏省的第一次全国海洋经济调查工作做到了"规定动作"不走样，"自选动作"有创新，总体进度和数据填报率在全国沿海省份位居前列。

第四节　海洋科技创新能力持续提升

1. 海洋科技创新能力持续增强

近年来，江苏省充分发挥科研教育优势，积极开展涉海科技研发，海洋科研创新能力持续提升，海洋经济内生发展动力稳步增强。江苏科技大学强化海洋船舶与海洋工程装备等学科优势，成立海洋装备研究院，相继主导和参与了一批国家重点重大研发计划项目，在海洋科技创新领域展现雄厚实力。2018年4月，南京师范大学成立海洋科学与工程学院，着力培育海洋经济与海岸带管理、海洋装备与信息工程和海洋药物等特色研究方向。江苏省海洋水产研究所紫菜、文蛤、脊尾白虾、杂交鲷等"江苏红系列"新品种创制工作取得新进展，成功破译黑鲷全基因组，相关研究成果于2018年2月在《GigaScience》杂志上在线发表。

江苏省深入实施科技兴海战略，深入开展海洋药物和生物制品业科技研发，推进海洋生物企业从附加值低的传统海洋食品加工向技术含量高、产业链长的海洋生物制品产业加快转型升级；海工装备制造业创新能力持续提升，国内首艘从设计到建造拥有完全自主知识产权、拥有"造岛神器"之名的大国重器——6 600千瓦绞刀功率重型自航绞吸挖泥船"天鲲"号完成投产前全部测试，已具备投产能力，使我国挖泥船设计和建造技术跻身世界前列。

2. 海洋经济创新发展示范城市科技带动作用显著

南通市围绕区位优势和产业优势，扎实推进海洋经济创新发展示范城市项目建设，较好地完成了国家对示范城市建设的阶段性考核目标。截至2018年年底，南通市拥有8个省级海洋产业创新联盟，5个国家级海洋装备工程技术研究中心，8个海洋类院士工作站；示范项目牵头单位及协作单位共实现销售收入51.96亿元，利税10.62亿元。示范项目实现成果转化59项，申请专利343件，新建企业研发中心6个，其中国家级企业研发中心1个，带动新增龙头企业3家，新增就业6 827人。

第五节　金融服务海洋经济力度加大

2018年3月，原江苏省海洋与渔业局与中国农业发展银行江苏省分行共同下发了《关于转发国家海洋局中国农业发展银行〈关于农业政策性金融促进海洋经济发展的实施意见〉的通知》，为海洋经济发展提供优质海洋金融服务。4月，中国人民银行南京分行会同江苏省发展改革委、原江苏省海洋与渔业局等8家单位共同转发国家八部委《关于改进和加强海洋经济发展金融服务的指导意见》，加大金融支持海洋经济力度，推动海洋产业与金融对接，促进海洋经济可持续发展。2018年，中国农业发展银行江苏省分行在海洋领域共投放2亿元，中国邮政储蓄银行江苏省分行在海洋及渔业领域共发放贷款32亿元，中国农业银行江苏省分行在海洋及渔业领域共发放贷款85亿元，国家开发银行江苏省分行在海洋领域共投放20.84亿元。

第六节　海洋生态文明建设扎实推进

1. 严格海洋生态环境监管

江苏省落实最严格的海洋生态红线管控制度、最严格的海洋工程全过程监管、最严格的陆源污染物入海排放监督，推进海洋生态文明建设。江苏省实施海洋工程环境影响评价文件分级审批改革，明确了各级海洋行政主管部门职责，在海洋生态文明建设上有效分工、形成合力；细化《江苏省近岸海域水质考核方案》，落实水质考核任务，强化海洋工程事中事后监管，确保海洋督察反馈问题整改到位。

2018年江苏省31个国省控海水水质测点中，达到或优于《海水水质标准》（GB 3097—1997）二类水质的比例为64.5%，与2017年相比，近岸海域水质有所改善；江苏省管辖海域共布设国控海水水质测点74个，海水中pH值、溶解氧、化学需氧量、石油类、重金属（铜、锌、铅、镉、铬、汞）和砷总体符合一类海水水质标准。

2. 深入开展海洋生态修复

积极做好中央财政支持的5个在建海岛海岸线整治修复项目，督促工作落实。2018年，临洪河口岸线、兴隆沙海岛整治修复项目完工验收，射阳县和滨海县海岸线整治修复项目、羊山岛海岛整治修复项目主体工程完工。做好省级资金补助的岸线整治修复项目。2018年，省级财政共安排1 000万元资金补助4个岸线整治修复项目，赣榆区完成7千米砂质岸线整治修复，响水县完成7.6千米岸线整治修复，射阳县编制县级海岸线整治修复规划，启东市开展了4.1千米的红树林和中山杉种植试验。江苏省政府要求的2018年度"完成岸线整治修复10千米以上，争取新开工不少于19千米"的计划目标顺利实现。

3. 海洋监测预报预警常态化

制作发布江苏海域海洋环境预报、江苏八大渔场海面风和海浪预报、洋口中心渔港72小时海浪和潮汐预报、海上丝绸之路环境保障预报；有针对性地制作发布浒苔打捞专项预报、海浪消息、海浪警报、风暴潮消息、风暴潮警报；每日制作连云港、射阳港、吕四港72小时海面风、海浪、潮汐预报，有效提升了重点港口等保障目标精细化预报水平，保障了海洋渔业生产安全环境保障服务系统（省-市-县）三级节点的持续稳定运行。在10号"安比"、12号

"云雀"、14号"摩羯"、18号"温比亚"、19号"苏力"、25号"康妮"6个台风影响江苏省海域期间，全力做好防御工作。为统筹指挥全省浒苔监视监测与打捞处置工作，2018年5月，成立江苏省浒苔绿潮灾害应急防控领导小组和江苏省浒苔防控应急指挥部，编制了《江苏省2018年浒苔绿潮灾害防治工作方案》。江苏省打捞船及指挥船累计出航3 500余艘次，打捞浒苔6.3万余包、湿重1.8万余吨。

4. 围填海管控力度加大

2018年，国务院发布《关于加强滨海湿地保护严格管控围填海的通知》（国发〔2018〕24号），取消围填海地方年度计划指标，严管严控新增围填海项目。为贯彻落实国务院通知精神，江苏省政府紧密结合本省实际，印发了《省政府关于切实加强滨海湿地保护严格管控围填海有关事项的通知》（苏政发〔2018〕131号），江苏省海洋主管部门认真落实国务院和江苏省政府文件精神，研究制定了"江苏省建设项目用海控制指标"，对建设项目占用岸线、投资强度、投入产出率等制定一系列指标要求，全面部署开展全省围填海现状调查，对江苏省2002年后（含2002年）实施的围填海进行分类统计，初步确认围填海总面积40 297.0公顷，已填成陆总面积33 452.2公顷。

第七节　海洋经济监测评估深入开展

2018年5月，通过江苏卫视、《新华日报》、《中国海洋报》等主流媒体，发布了《2017年江苏省海洋经济统计公报》，产生了较好的社会影响。编制"江苏省海洋经济发展报告（2017）"，首次增加了沿江海洋经济带发展分析板块，通过深入分析江苏省海洋经济发展现状和存在的问题，提出海洋经济发展的政策建议。

2018年12月，江苏省海洋经济监测评估中心与国家海洋信息中心合作，在省级层面首次开展江苏省海洋经济发展指数研究，初步形成7个方面23个指标，进行量化评价，并从中选择海洋经济发展的五个主要方面建立模型，编制并发布了《2018江苏省海洋经济发展指数报告》。这是江苏省首次发布海洋经济发展指数，该指数综合反映了江苏省海洋经济的发展水平、发展成效和发展潜力，为制定科学的海洋经济发展战略提供了决策参考。

针对江苏省多种用海方式的海洋产业活动特点，江苏省海洋经济监测评估中心开展了经济效益评估，编制完成"多种用海方式海洋产业经济效益评估研究"报告，选取典型用海方式的海洋产业进行经济效益评估，以实证分析的方法研究了江苏省海域利用对海洋经济增长的影响，创新开展了"海洋经济发展+海域使用监管"协同并进模式的探索，提出促进海洋经济增长的海域使用策略。

第三章 2019年江苏省海洋经济工作重点

第一节 强化海洋经济宏观指导

1. 推进出台《江苏省海洋经济促进条例》

《江苏省海洋经济促进条例》（以下简称《条例》）是全国首部促进海洋经济发展的地方性法规，属于创制性立法。制定《江苏省海洋经济促进条例》，既可为促进江苏省海洋经济高质量发展提供有力法治保障，也将为沿海省市相关立法提供有益借鉴。

积极推进出台《江苏省海洋经济促进条例》，并以此为契机，积极做好普法宣传和贯彻落实工作，采取座谈会、视频、图片、宣传手册等多种形式，加强《条例》宣传，营造贯彻实施《条例》的良好社会氛围。

2. 做好海洋发展规划编制前期准备工作

根据江苏省"十四五"规划编制工作会议要求，制定"十四五"海洋经济发展规划编制工作方案，形成规划编制基本思路，积极争取纳入省"十四五"专项规划编制目录。根据国家统一部署，制定省级海岸带综合保护利用规划编制工作方案，做好海岸带调查研究等前期准备工作，有序推进规划编制工作，为强化海岸带空间管理、促进海岸带地区经济社会可持续发展提供有效保障。立足江苏省海洋产业和海洋科技等特色优势，深入调查掌握军队需求和企业实力，开展海洋军民融合发展规划研究和编制工作。

第二节　深化海洋经济发展试点示范

1. 推进海洋经济发展示范区建设

江苏省自然资源厅会同江苏省发展改革委审核盐城市、连云港市海洋经济发展示范区建设总体方案，报江苏省政府批准。坚持陆海统筹，聚焦主要任务，围绕示范主题，以江苏省政府批准实施的示范区总体方案为依据，加强盐城、连云港国家海洋经济发展示范区规划实施指导，确保各项任务和改革创新举措落实到位，并总结可复制、可推广的经验做法，将示范区建设成为海洋经济发展的重要增长极和加快建设海洋强省的重要功能平台。

2. 支持海洋经济创新发展示范城市建设

指导南通市在总结海洋经济创新发展示范城市建设阶段性考核经验的基础上，进一步加强沿海和沿江跨领域、跨区域协同创新，扎实推进海洋经济创新发展示范城市项目建设，做好考核验收工作，推动海洋产业结构优化布局和集聚创新发展。总结南通市海洋经济创新发展示范城市建设成效和亮点，提炼可复制、可推广的经验做法并在全省推广，着力推进江苏省海洋经济高质量发展。

3. 深化海洋经济创新示范园区建设

开展首批海洋经济创新示范园区建设成效调研，跟踪监测园区海洋产业发展情况，发挥首批创新示范园区示范带动作用，总结推广示范园区建设经验做法，加快培育具有较强支撑作用的海洋经济创新发展载体，促进江苏省海洋经济转型升级和集聚发展。

第三节　健全海洋经济监测评估体系

1. 扎实推进海洋经济统计监测

落实《江苏省海洋经济促进条例》要求，构建全省上下贯通的海洋经济运行监测评估体系，逐步实现海洋经济统计、监测、评估全省覆盖。强化海洋经济监测评估业务指导，强化海洋经济统计监测数据评估分析，升级完善省级海洋经济运行监测评估系统，建立重点涉海企业联系制度，推进重点涉海企业数据直报，进一步加强海洋数据统计分析能力建设。编制发布《2018年江苏省海洋经济统计公报》《2019江苏省海洋经济发展指数报告》。

2. 完成第一次全国海洋经济调查

根据《江苏省第一次全国海洋经济调查实施方案》，完成第一次全国海洋经济调查工作，并通过国家验收。总结调查经验，做好资料归档。开发海洋经济智能决策支持系统，深化海洋经济调查数据应用分析，编制海洋经济调查研究报告、海洋经济专题图集等，强化调查成果集成与应用。

第四节　促进海洋产业提质增效

1. 加快传统产业结构调整步伐

整合提升海洋船舶工业，推动船舶行业去产能，开展高技术新型船舶的研发建造，鼓励和支持龙头企业规模化专业化发展。着力发展现代海洋渔业，推进沿海地区千亿级现代渔业建设，打造近海百万亩贝藻类增养殖示范区，鼓励和支持深远海智能化网箱养殖。加快发展海洋水产品精深加工。压减近海捕捞渔业，提升远洋渔业发展水平。合理利用滩涂资源，推动已围垦滩涂适度发展农林业。

2. 壮大海洋战略性新兴产业

大力发展海洋工程装备制造业，推动海洋工程总承包和专业化服务，提高海洋工程装备总装集成能力。开发绿色、安全、高效的新型海洋生物制品，鼓励和支持发展海洋药物和生物制品业，推进海洋生物制品、海洋生物材料、海洋药物研发及产业化，打造完整产业链条。积极发展海洋可再生能源，优化沿海风电开发布局，发展深水远岸风电。

3. 增强海洋服务业高端化功能

发挥省沿海产业投资基金、"一带一路"投资基金与沿海市县投资基金的联动作用，争取设立现代海洋产业发展投资基金。发展现代海洋航运服务业，改进服务模式，拓展服务功能，提升口岸通关能力，提升海运国际竞争力。支持船舶交易、船舶经纪和管理、海事仲裁等，开展保税、国际中转、国际采购等业务，提升对外开放水平。

第五节 加快海洋科技创新步伐

1. 纵深推进科技兴海战略

加快建立开放、协同、高效的海洋科技创新体系，推动海洋科技优势转化为发展优势，打造具有重要影响力的海洋科技创新中心，提升江苏省海洋经济创新力。推进淮海工学院更名为江苏海洋大学，加强海洋科技创新平台建设，依托省内现有涉海高等院校、科研院所和骨干企业，加快建设一批国家级海洋科技创新平台，大力培养一支应用型、技能型和复合型海洋专业人才队伍。加强与国家大院大所合作，吸引一批科技创新载体和人才落户江苏。

2. 探索海洋科技创新产业化有效路径

突出企业创新主体地位，发挥涉海骨干企业、产业技术创新战略联盟在集聚产业创新资源、加快产业共性技术研发、推动重大科技成果应用等方面的作用，深化"政产学研金服用"紧密合作的技术创新体系，促进产业链和创新链的深度融合。畅通科技成果转化渠道，鼓励高校、科研院所建立专业化技术转移机构，落实高校、科研院所对其持有的科技成果进行转让、许可或者作价投资的自主决定权。组织开展海洋产业、海洋科学基础领域技术研究，实施一批高技术产业化示范工程，培育有国际竞争力的海洋龙头企业，构建江苏省现代海洋经济科技人才高地。

第六节　提升海洋综合管理水平

1.持续严格管控围填海

保质保量完成江苏省围填海现状调查，汇总围填海现状调查成果，形成江苏省围填海现状调查报告、江苏省围填海历史遗留问题清单、江苏省围填海现状分布图、江苏省调查成果矢量数据等成果。按照自然资源部要求组织地方政府开展生态评估和生态修复，科学制定围填海历史遗留问题处理方案，妥善处置合法合规围填海项目，依法处置违法违规填海项目，结合围填海现状调查成果和沿海市县用海需求，对围填海历史遗留问题逐一提出处置措施，排出年度处置计划和时序要求。争取自然资源部对江苏省自然淤积海域给予政策支持。

2.推进岸线整治修复和岛屿管理

启动编制《江苏省海岸线保护与利用规划》，建立海岸线利用统筹协调机制和管控机制，争取岸线整治修复专项资金，加大经费投入力度。逐步建立自然岸线保有率管控目标责任制，将自然岸线保护纳入考核，明确2019年江苏省海岸线整治修复计划。秦山岛经过整治修复后，已具备接待游客的条件，借鉴国有土地管理的相关经验，研究推进秦山岛确权发证工作；开展外磕脚、麻菜珩领海基点专题研究，组织领海基点地形地貌跟踪监测，切实掌握相关资料，为保护领海基点科学决策提供依据。

第七节　加强海洋生态环境保护

1.严守海洋生态保护红线

通过划定"一条红线"、绘制"一张控制图"、实施"一个管理办法"，将重要河口、滨海湿地、海域海岛、自然岸线、重点渔业水域、珍稀濒危物种集中分布区及自然景观、历史文化遗迹等纳入保护范围，实施最严格管控、强制性保护。推动建立以红线制度为基础的海洋生态环境保护管理新模式，确保实现江苏省海洋生态红线区面积占比不低于27%、大陆自然岸线保有率不低于37%、海岛自然岸线保有率不低于35%，以及优良海水水质面积逐年增加的目标。

2.健全陆海污染防治体系

推行湾长（滩长）制，建立跨地区、跨部门、跨领域的联控联治机制，强化与河长制、湖长制的有效衔接，构建陆海统筹、河海兼顾、上下联动、协同共治的海洋生态环境治理新格局，实现流域和海域环境质量的同步改善。开展海洋环境承载能力监测预警，实施动态化、精细化、全过程监督监测，完善风险排查、应急预案、信息公开和通报制度。提高入海排污口设置门槛，依法处理非法和不合理设置的排污口，清理整顿不能达标排放的污染源，继续推动集中排放、生态排放、深远海排放。建立陆源污染物入海总量控制计划和排污许可证制度，依法淘汰超过总量控制要求的产能，倒逼沿海地区产业转型。

3. 实施综合整治与修复

健全日常监管巡查制度和跨部门联合执法监管机制，强化对涉海工程项目建设的全过程跟踪监测和监督管理，深入推进海域使用后评估工作。完善海岸线利用统筹协调和管控机制，拓宽整治修复资金渠道，对重要湾口、岛屿、岸段开展生态化、景观化、整体化治理。试点开展海岸带整治修复。开展海洋水生生物增殖放流，优化品种与结构，强化跟踪监测与效果评估。加快海洋牧场建设。

4. 开展海洋生态灾害监测和处置

组织开展典型海洋生态系统、海洋资源环境承载力、海洋生态灾害监测预警研究，强化多种环境、多种海况复杂条件下的应急演练，努力提升浒苔、赤潮等海洋生态灾害的应急处置能力。

第八节　促进金融服务海洋经济发展

挖掘优质涉海项目，构建"金融支持海洋经济重点项目库"，支持金融机构为涉海企业提供多元化金融服务。搭建银企合作平台，建立海洋融资项目信息库，引导银行业金融机构采取项目贷款、银团贷款等多种模式，优先满足海洋新兴产业、现代海洋服务业和临港先进制造业等的资金需求。鼓励银行业金融机构以及非银行业金融机构加大对海洋经济重点领域、重点项目、重点企业的金融支持，构建面向海洋经济的全方位金融服务体系。深化与国家开发银行江苏省分行、中国农业发展银行江苏省分行、中国农业银行江苏省分行、中国邮政储蓄银行江苏省分行等金融机构合作，建立工作协调机制。

第二篇 区域篇

第四章 沿海城市海洋经济发展情况

第一节 南通市

1. 海洋经济发展总体情况

近年来，南通市抢抓机遇，大力实施江海联动、陆海统筹战略，加快建设上海大都市北翼门户城市，先后获得"国家级海洋经济创新发展示范城市""国家海域综合管理创新示范市""国家陆海统筹发展综合改革试点市""国家级海洋生态文明建设示范区"等称号。南通市落实江苏省委关于建设江苏新出海口的战略定位，以海洋经济高质量发展为导向，聚力推动海洋经济拓展空间，在远洋资源开发、深海资源利用等深远海经济发展上抢占先机、率先突破，精心打造南通海洋经济品牌，全市海洋经济呈现蓬勃发展的良好态势。2018年南通市海洋经济生产总值达2 080亿元，同比增长10.5%，占地区生产总值的比重为24.7%，占江苏省沿海三市海洋生产总值的1/2以上，占江苏省海洋生产总值的1/4左右。

2. 海洋产业发展势头良好

（1）海洋渔业稳步发展。全市拥有三个中心渔港、两个一级渔港，吕四中心渔港建成全国规模最大闸内港。海洋捕捞渔船标准化改造快速推进，完成1 311艘渔船更新改造任务，占需改造渔船的85%。远洋渔业发展势头强劲，全市远洋渔业在国外渔船达到43艘，远洋渔业产量1.5万吨。2018年，南通市海洋捕捞产量25.3万吨，占江苏省产量的50%以上，海水养殖产量33.6万吨，约占江苏省产量的37%，全省海洋渔业第一大市的地位得到巩固和加强。

（2）海洋工程装备制造业和船舶制造业砥砺前行。深度推进海洋工程装备制造业和海洋船舶工业融合发展、优势叠加，南通市已有近1/3的船舶企业进入海洋工程装备制造与配套领域。持续推动船舶企业开拓高技术、高附加值船舶市场，促进企业产品结构升级。2018年，全市船舶工业整体运行良好，全市新造船舶64艘次，海工产品出口28艘次，重点监测的海洋船舶工业企业造船完工量为242.7万载重吨，新承订单量为322.9万载重吨，手持订单量为850.7万载重吨，占江苏省份额的比重分别为16.2%、18.0%、20.2%。2018年4月，由中远海运为英国DANA石油公司设计建造的圆筒型浮式生产储卸油平台（FPSO）总包项目"希望六"号在英国北海北部油田达到产量高峰44 000桶/天，标志着中国船厂首个为国外石油公司完整建造的FPSO总包项目成功投产。

（3）海上风电形成绿色产业体系。到2018年年底，南通市风电累计装机规模238.65万千瓦，预计到"十三五"期末，风电并网装机容量将超过300万千瓦，以风电为主的新能源产业的总产值有望达500亿元。已建成首个国家火炬海上风电特色产业基地，基地已具备年产500台（套）整机、800台（套）塔筒、200台（套）海上风机导管架等生产能力，初步形成包括风电技术研发、装备制造、设备物流在内的绿色风电大产业体系。

（4）海洋交通运输业快速增长。2018年11月，李克强总理考察南通时提出，要以国际一流水平规划建设好通州湾港口，把通州湾建设成为长江经济带的战略支点。南通市以通州湾为核心，加快推进临海大港口、交通大枢纽、产业大项目的建设落地，推动港产城一体化联动发展。到2018年年底，南通港已利用岸线长度78.6千米，港口企业192家，泊位289个，其中10万吨级以上泊位29个，5万～10万吨级泊位51个，1万～5万吨级泊位30个，万吨级以下泊位179个。南通港共完成货物吞吐量2.7亿吨，同比增长13.3%，再创历史新高，其中外贸货物吞吐量完成6063.1万吨，首次突破6000万吨，同比增长2.0%。南通港接卸LNG船舶108艘次，接卸液化天然气1692万立方米，同比分别增长56.4%、44.8%，接靠频次及接卸量跃居全国行业首位。

（5）海洋旅游业保持较快发展。整合全市旅游资源，彰显海洋特色风情。先后启动五山、濠河等综合开发和整改提升，"江风海韵"休闲品牌正在加速形成。启东江天生态园乡村旅游区、海门金盛生态园乡村旅游区等入选省五星级乡村旅游区。9月，南通市成功举办2018中国南通江海国际旅游节，吸引众多海内外游客，充分展示了南通市独特的江海旅游资源和旅游发展成果。

3. 金融服务海洋经济力度加大

南通市于2016年11月成立政府性主权基金——南通陆海统筹发展基金，首期出资规模20亿元，到2018年该项基金已成立13支各产业投资类二级基金，拥有合作基金达42支，基金总规模达295亿元，撬动社会资本比例超过9倍。加强与国家开发银行江苏省分行、中国农业发展银行南通分行政策性金融合作，为沿海开发提供贷款、投资、债券、租赁、证券等多元化金融产品服务，重点支持战略性新兴海洋产业等海洋经济发展重大领域。到2018年年底，国家开发银行江苏省分行、中国农业发展银行江苏省分行在南通市海洋领域信贷投放规模超200亿元。

4. 海洋经济创新发展示范城市建设获得好评

自2016年10月获批国家首批海洋经济创新发展示范城市以来，南通市以海洋高端装备制造业、海洋生物产业为海洋产业重点发展领域，以示范项目建设为引领，以点带面，稳步推进示范城市建设。重点建设的海洋经济创新发展产业链协同创新类项目共7项，2018年6月，国家财政部、自然资源部（国家海洋局）委托中国海洋工程咨询协会作为第三方评估机构对南通市示范城市建设情况进行了中期考核。考核组充分肯定南通市"十三五"国家海洋经济创新发展示范城市建设所取得的成绩，并给出了"政府重视、项目整齐、海工突出、实力震撼、亮点纷呈"的评价。

5. 涉海基础设施建设全面展开

南通市沿海拥有洋口港区、吕四港区两个国家一类开放口岸，按照江苏省委、省政府赋予南通的新定位新使命，全力推进以通州湾为重点的沿海开发建设，力争按照国际先进标准，打造江苏新出海口，建设长江经济带江海联运枢纽港。沿海高速、沿海高等级公路、通洋高速一期、海洋铁路等相继建成通车，连申线三级航道通航。围绕增强港口集疏运功能，重点推进沿海洋口港区、吕四港区、通州湾港区深水航道建设，增强沿江港区20万吨级泊位接卸能力，推进省干线航道建设，加快疏港高速公路、疏港铁路、兴东机场建设，优化内河航道网，加快推进江海河联运，推动"公铁水空"并进。在此基础上，重点依托沿海8个重点区镇，打造了一批临港产业园区，已经初步形成产业重要集聚带。

6. 海洋科技创新取得突破

南通市加强与上海科创中心、江苏省产业科创中心、苏南科创园区合作，构建产业技术创新联盟，围绕各类特色产业，建设一批产业研究院和孵化器，加快创新成果转化。到2018年年底，全市拥有8个省级海洋产业创新联盟，5个国家级海洋装备工程技术研发中心，8个海洋类院士工作站。

7. 海洋生态文明建设积极推进

引导重点行业企业实施清洁生产技术改造，实施涉海中小企业清洁生产培训计划，提升中小企业清洁生产技术研发应用水平。加快建立循环型海洋产业生产体系，促进企业、园区、行业、区域间链接共生和协同利用，加快推进海洋产品废弃物循环利用。从源头削减污染排放，严格控制全市重点入海河流和重点排海区域、企业入海污染物排海总量，提高尾水排海的达标率。加强海洋生态多样性研究和海洋生态环境保护，严格执行海洋捕捞资源保护制度，认真落实海洋工程项目生态补偿制度。全面开展岸线整治修复工作，2018年6月，南通市政府办公室印发《南通市海岸线整治修复三年行动计划（2018—2020年）》（通政办发〔2018〕58号），共安排13项海岸线修复工程，计划投资48 706万元，修复海岸线长度50.66千米，其中2018年计划修复长度19.63千米，实际已完成21.96千米，超额完成年度计划。

8. 下一步重点工作

（1）大力推进海洋经济创新发展示范市建设。以国家海洋经济示范城市建设为重点，以示范城市项目第三方监管机构为平台，对示范项目进行全程跟踪监管。探索建立海洋经济示范城市建设评估体系。

（2）加大金融扶持涉海企业力度。加强与政策性银行等金融机构的对接，积极争取政策性银行加大对海洋领域的信贷支持力度，进一步拓宽涉海企业的融资路径。

（3）加强第一次海洋经济调查成果运用。进一步总结调查经验，推进调查数据共享和成果开发，紧密结合南通市海洋经济运行评估、涉海企业直报等业务，为南通市海洋经济宏观管理、海洋经济高质量发展提供支撑。

（4）乘势推动海洋旅游产业创新发展。以举办"2019中国森林旅游节"为契机，进一步推进南通市滨海旅游度假区建设，配合森林旅游节开发特色滨海旅游线路，打造明星滨海旅游产品。

第二节　盐城市

1.海洋经济发展总体情况

盐城市抢抓"海洋强国""一带一路""长三角城市群"等发展机遇，坚持"两海两绿"（开放沿海、接轨上海、绿色转型、绿色跨越）发展路径，不断完善"一带双核四区多节点"海洋经济空间布局，着力打造淮河生态经济带出海门户，重点发展海洋新能源、海洋生物、海工装备和海水淡化等海洋战略性新兴产业，全力推进现代钢铁基地、合金新材料等现代临港大工业发展布局，努力推进具有盐城特色的海洋经济高质量发展。2018年，盐城市海洋经济继续保持平稳健康增长，海洋生产总值1 082亿元，同比增长8.6%，占地区生产总值的比重为19.7%。

2. 海洋产业加速转型升级

（1）海洋渔业加快转型。加快推进海洋渔业供给侧结构性改革，大力推广渔业生态养殖，重点发展水产品加工业，切实推进海洋渔业由速度型、增产型发展向高质量发展转变。瞄准打造规模全国最大、水平全国领先的现代渔业示范区的目标，着力加大渔业规模基地和产业园区建设力度，加快沿海百万亩现代渔业产业带建设步伐。盐都区、东台市成功创建江苏省首批国家级渔业健康养殖示范县，响水县成功创建"全国平安渔业示范县"。 2018年，海洋渔业全年实现总产值约200亿元，同比增长8.0%。

（2）海洋交通运输业迈向新台阶。盐城港"一港四区"建设取得积极进展，大丰港区国际集装箱物流中心开工建设，大丰港区物流园区发展规划通过省级评审，绿色循环低碳港口主题性项目通过国家验收。大丰港区自购"申丰之春"号集装箱货轮，与上港集团达成集装箱板块战略合作，至上海港航班增至每周3班。射阳港区万吨级码头通过竣工验收，3.5万吨级航道及码头工程建成投用，5万吨级航道和射阳港区疏港航道纳入部省规划。滨海港区港口物流园、10万吨级航道疏浚、"挖入式"内港池等项目加快建设，30万吨级深水航道等工程列入淮河生态经济带发展规划。响水港区5万吨级码头群加快建设。2018年，盐城港港口基础设施建设完成投资18.96亿元，全年吞吐量9 500万吨。

（3）海洋旅游业快速发展。举办"2018中国盐城丹顶鹤国际湿地生态旅游节暨第十一届海盐文化节""大丰麋鹿生态旅游季暨第五届荷兰花海郁金香文化月"等系列旅游节庆活动。新创成国家4A级旅游景区4家、省级旅游度假区1家，东台市被评为"2018百佳深呼吸小城"，射阳县荣获"中国最美休闲度假旅游胜地"和"中国最美生态文化旅游名县"称号。2018年，全市海洋旅游业实现总收入374.2亿元，同比增长16.9%。

（4）海洋战略性新兴产业发展势头良好。"海上三峡"建设成效显著，全市海上风电总装机容量达150万千瓦。国家电投滨海H1、H2共50万千瓦装机容量的海上风电场建成投运，成为目前亚洲最大的海上风电场。海上风电装备制造业快速崛起，天能重工、长风海工等一批重大海洋工程装备项目竣工投产。2018年，远景能源在盐城市射阳县投产，当年实现开票销售40亿元，税收超亿元。金风科技在盐城市大丰区实现开票销售33亿元，同比增长5.0%。海洋生物和海水淡化产业规模日益壮大，明月海藻实现开票销售3.5亿元，金壳制药、丰海新能源等企业成为规模以上工业企业，丰海新能源创成国家级高新技术企业。

3. 国家海洋经济发展示范区获批建设

2018年12月，国家发展改革委、自然资源部印发《关于建设海洋经济发展示范区的通知》，支持盐城建设海洋经济发展示范区。示范区位于盐城市东部沿海区域，面积150平方千米，由东台片区和滨海片区组成。其中，东台片区面积100平方千米，为临海成陆滩涂；滨海片区面积50平方千米，为滨海港工业园区临海废弃盐田。示范区建设期为2018—2020年，展望至2025年。示范区的主要任务是探索滨海湿地、滩涂等资源综合保护与利用新模式，开展海洋生态保护和修复。

4. 海洋经济发展管理持续加强

（1）强化政策引领。确立"产业强市、生态立市、富民兴市"发展战略，明确"两海两绿"发展路径，着力打造东部沿海发展质量高、活力强的蓝色经济增长极。完善"一带双核四区多节点"海洋经济空间布局，以滨海港区工业园、大丰港区为功能核，重点建设淮河生态经济带出海门户、接轨上海的"一区三基地"、沿海"三带一群"（沿海绿色产业带、城镇带、风光带和港口群）。深度融入"一带一路"、"长三角"城市群等国家战略，持续开展海洋经济专题招商活动，培育涉海园区和龙头企业，增强发展后劲。

（2）加大扶持力度。加强涉海基础设施建设，加大财政支持海洋经济发展力度，积极争取海洋经济发展重大项目和扶持政策。支持涉海科技公共服务平台建设，推动涉海科技成果转化，大力招引海洋产业领军人才。大力推进海洋管理制度创新，积极开展以招拍挂为主要方式的海域使用权市场化配置工作。

（3）完善平台载体建设。以成陆滩涂和废弃盐田综合保护利用为示范主题，积极创建国家海洋经济发展示范区。举办2018盐城绿色智慧能源大会，搭建以海上风电为重要内容的国际性高端合作平台。远景智慧风电产业园获批省级特色产业基地。

（4）保护海洋生态环境。严格落实国务院严控围填海最新政策和海洋主体功能区规划，对盐城市海域实施差别化管制，促进海洋空间可持续开发利用。加强海洋生态修复，实施射阳、滨海海岸带整治修复及射阳河口生态修复等一批海岸带整治修复项目。开展"海盾""碧海"专项执法行动，严厉查处用海违法行为和破坏海洋环境的违法行为。东台市创成江苏省唯一的县级国家海洋生态文明示范区。

5. 下一步重点工作

（1）聚焦示范引领，加快建设海洋经济示范区。全面落实海洋经济发展示范区建设任务，积极探索湿地、滩涂、岸线等资源综合保护和利用新模式，推进海洋经济区域联动发展和绿色低碳可持续发展。

（2）积极培育海洋产业，壮大海洋经济规模。加快海洋生物、海洋新能源、海工装备和海水淡化四大新兴海洋产业发展，建设江苏省海洋战略性新兴产业发展基地。加快发展滨海旅游，建设一批富有地域特色和海洋特色的滨海旅游经济区。培植壮大涉海园区和龙头企业，发展海洋渔业和盐土农业，积极争创省级示范园区，打造成全国海洋经济发展特色基地。

（3）实施科技兴海，激发海洋经济发展新动能。加强江苏海洋产业研究院、江苏海洋生物产业研究院等海洋科技创新平台和公共技术服务平台建设，深化与中国科学院海洋研究所等知名海洋科研机构的合作，推进海洋产业关键技术突破。

（4）加强开放合作，拓展海洋经济发展空间。加强国际合作，加快建设"21世纪海上丝绸之路"重要节点城市、世界绿色智慧能源先行区、国际生态湿地保护示范城市和中韩（盐城）产业园。着力推进接轨上海，打造"飞地经济"的海洋板块。积极抢抓淮河生态经济带战略机遇，建设"长三角"海洋产业转移承接的示范基地。

第三节　连云港市

1. 海洋经济发展总体情况

连云港市高度重视海洋经济发展，致力于将发展海洋经济作为推动全市快速发展的新引擎，《连云港市国民经济和社会发展第十三个五年规划纲要》设立"优化沿海经济空间布局"专章，市政府工作报告中涉及海洋领域的重点工作逐年增加。2018年，连云港市围绕"高质发展，后发先至"主题主线，以建设"一带一路"交汇点核心区和先导区为指引，积极推进海洋经济高质量发展，初步形成海洋渔业、海洋交通运输业、海洋工程建筑业、海洋船舶工业、海洋旅游业、海水淡化和综合利用业、海洋化工业、海洋药物和生物制品业、海洋盐业和海洋可再生能源利用业十大产业协同发展的良好格局，全年海洋生产总值744.8亿元，同比增长7.9%，占地区生产总值的比重为26.9%。

2. 海洋产业集聚创新发展

（1）海洋渔业发展成效突出。持续实施《海州湾浅海域百亿综合渔业园区规划》，获批国家级海洋牧场示范区；建成3个省级现代渔业园区、3个省级精品渔业园区，发展省级龙头企业6家、国家级龙头企业1家。到2018年年底，累计投入2.2亿元，形成了良好的海洋牧场建设投入机制。经过持续努力已形成礁群39万空立方米，建成海洋牧场调控面积170多平方千米，为海洋生物提供了良好的产卵场和栖息地。同时建成贝藻场40万亩[①]，增殖放流各类苗种26亿单位，有效促进了海洋生物多样性恢复。通过攻关海水育苗

---

① 1亩 ≈ 666.67平方米。

养殖技术、大力扶持电商发展和做强海产品精深加工，为海洋渔业转型发展注入新动力。2018年，连云港市海洋捕捞产量13万吨，海水养殖产量32万吨，海产品加工产量13万吨。

（2）海洋旅游业彰显特色。持续推进新城建设、环境整治和海岛岸线修复，连岛获批全国"十大美丽海岛"，秦山岛旅游实现开岛试运营，连云新城摘得"中国沿海最具旅游开发价值新城"；连云港市成功举办国际西游记文化（旅游）节、江苏沿海国际旅游节、赣榆徐福节以及"连云港之夏""连博会"等一系列具有重大影响力的活动，着力打造"全国知名的滨海休闲旅游目的地"。

（3）海洋交通运输业快速增长。连云港港徐圩港区防波堤主体建成，赣榆港区10万吨级航道延伸工程可行性研究获批，燕尾港口岸临时开放。2018年，连云港市完成货物吞吐量2.3亿吨、集装箱吞吐量471万标箱，海河联运突破800万吨。连云港多式联运海关监管中心在中哈（连云港）物流合作基地揭牌运营以来，国际贸易"单一窗口"建设成效明显，口岸通关和贸易便利化水平显著提升。

（4）海洋工程装备产业集聚发展。通过整合海洋高端装备科技资源，加大海洋高端装备研发力度，引导企业与科研院所建立良好协作关系，形成了以中船重工第七一六研究所、淮海工学院、中科院能源动力研究中心、连云港港口控股集团有限公司、江苏杰瑞自动化有限公司等科研院所和企业为代表的集群，产品涵盖海洋观测与探测装备、深海资源勘探、海底结构物检测、钻井自动化装备、海洋油气智能装卸、海上风电、船用岸电等领域，全市风电设备年产值达40多亿元。

（5）海洋生物产业发展迅猛。依托连云港市医药产业优势，大力发展海洋生物医药，利用贝壳开发重金属废水深度处理的材料及海洋微生物DNA聚合酶的技术和产品均达到国内领先水平，已实现产业化生产和工程化应用。江苏省海洋生物化工特色产业基地已形成以乙醇及乙醇深加工系列产品、海藻酸钠系列产品、氨基酸系列产品、葡萄糖酸钙系列产品四大集群为主导的海洋生物化工产业。连云港市海藻酸钠的产量占全国40.0%，已成为我国食品级海藻酸钠产品的重要基地，同时也是以碘、甘露醇为原料的头孢米诺中间体的原料基地。

3. 国家海洋经济发展示范区成功获批

2018年12月，国家发展改革委、自然资源部联合下发关于建设海洋经济发展示范区的通知，支持连云港建设海洋经济发展示范区，重点推动国际海陆物流一体化模式创新，开展蓝色海湾综合整治。连云港海洋经济发展示范区位于后云台山南北两翼，建设总面积约148.5平方千米，主要包括大型综合性智慧港口片区（48.6平方千米）、现代化国际合作物流园片区（44.89平方千米）和滨海国际商贸生态宜居旅游新城片区（55平方千米）。大型综合性智慧港口片区即连云港区，是连云港港的主港区，主要发展集装箱运输、现代航运服务业功能，服务"一带一路"建设的海陆双向开放和国际物流合作示范。现代化国际合作物流园片区位于后云台山南侧宽阔平坦的临海区域，北与连云港区相通，南依徐圩港区疏港航道共通园区，满足建设规模现代仓储、大宗散货交易平台、特色产品深加工地等物流产业服务需求。滨海国际商贸生态宜居旅游新城片区包括连云港区西侧的连云新城和北方的连岛，面向海州湾，拥有滨海连港、交通便利、信息集聚、宜居宜商等优势，适宜发展海滨旅游和国际商贸等服务业。示范区建设期为2018—2020年，展望至2025年。

示范区将重点开展国际海陆物流一体化深度合作、海洋服务业集聚发展、蓝色海湾综合整治、公共智慧海洋服务创新示范。围绕创新示范要点，重点实施打造"一带一路"及上合组织成员国出海口、做大做强现代海洋服务业、构建蓝色海州湾、完善海洋公共服务体系、加快海洋产业转型升级等示范任务，将示范区打造成为国际海陆双向开放经济引领区、"一带一路"现代海洋服务业发展集聚区以及蓝色海湾综合发展示范区。

未来，连云港市将以海洋经济发展示范区作为重要的平台支撑，进一步加快海洋经济发展步伐，建设集海陆物流一体化、商贸旅游融合化、港产城联动化的海洋服务业集聚发展的国家海洋经济示范区，打造江苏省乃至全国的海洋经济发展高地，为连云港市实现"高质发展、后发先至"提供动力保障，为实施"海洋强国""海洋经济强省"战略，推进全国沿海地区海洋产业"创新发展、绿色发展、高质发展、协同发展"争当排头兵。

4. 海洋宏观管理持续开展

（1）政策创新支撑海洋经济发展。连云港市全力保障重点用海项目论证、海洋工程环评报告书核准听证，全力服务好徐圩石化基地、蓝色海湾等重大项目用海审批工作。争取出台《连云港市金融支持海洋经济发展实施方案》，提高金融支持海洋经济发展水平。编制并下发《连云港市海洋经济运行监测与评估系统建设实施方案》，对连云港市海洋经济运行监测与评估工作进行了规划，明确了工作目标、内容、步骤、时间进度和技术路线。编制了涉海企业直报工作方案，组织全市海洋统计人员培训，印发《关于加快推进涉海企业直报工作的通知》，提出具体工作要求。妥善解决国家海洋督察过程中发现的历史遗留问题。

（2）加强海洋生态文明建设。在推进海岸带开发的同时，不断加强生态环境保护和修复，提升生态环境容量，推动临海经济绿色、可持续发展。推进海域综合管理与国际化标准接轨，获联合国开发技术署等国际组织联合颁发的海岸带综合管理标准认证证书，成为全国首批通过该认证的6个海岸带综合管理示范区之一。海域海岛整治修复效果突出。2011年以来，经积极争取，连云港市共获批国家海域（海岸带）、海岛整治修复项目6个，共争取上级海岛和岸线整治修复资金4亿元。经过整治，秦山岛、连岛、竹岛、羊山岛以及岸线、湿地生态环境明显改善，连岛入选全国"十大美丽海岛"，秦山岛整治修复工程被称为"精品、精彩、精致"的"三精"工程，临洪河口岸线整治修复项目竣工，等待验收。《连云港市海岸线开发利用与保护规划》编制工作有序开展。积极组织开展全市海域、海岛管理岸线和地理岸线修测工作，完成全市自然岸线、人工岸线、河口岸线的测量工作。

5. 下一步重点工作

（1）加快推进海洋经济发展示范区建设。根据上级主管部门要求，加快编制出台《江苏省连云港市海洋经济发展示范区建设总体方案》，对项目示范要点、示范任务进行细化深化，不断完善示范区重点项目库。

（2）加强与相关金融单位合作，开展金融支持海洋经济发展示范区建设工作，推动出台全市金融支持海洋经济发展示范区建设的指导意见。

（3）做好海洋经济调查总结和成果开发利用工作。做好海洋经济调查总结工作，加强海洋经济数据加工利用，尽快开展市、县级海洋生产总值核算，提高数据加工应用水平，及时公布连云港市海洋经济发展状况。

（4）深入推进海洋统计和涉海企业直报。加快建立健全海洋统计队伍和统计网络，不断提高海洋统计直报工作质量和效率；建立涉海企业直报网络，不断拓展涉海企业直报覆盖面；建立和发布连云港市涉海产业发展指数，及时反映海洋产业发展情况，提出研究分析成果。

第五章 沿江城市主要海洋产业发展情况

第一节 南京市

南京市涉海科研院所集聚，港口优势明显，在海洋科技研发、海洋交通运输业等方面具备比较优势。南京市涉海企业产业类别中，海洋交通运输业、海洋船舶工业、海洋信息服务业、海洋工程装备制造业、海洋产品零售业五大产业类别的涉海企业数量占比较高，尤其是海洋交通运输业企业占比达30%。

南京市积极推进涉海科研院所开展科技创新活动并形成产业化成果。中国船舶重工集团公司第七二四研究所组建南京鹏力科技集团，以"智慧海洋"为引领形成了国内最具特色的大气海洋环境探测科技产业，用户已覆盖海事、气象、海洋、水利、航空、环保、农业、部队及院校等领域。2018年11月，鹏力电子参加第13届中国大连国际海事展览会，展示海洋海事领域等水上智能监控综合解决方案，受到专业领域客户好评。2018年12月，鹏力电子成为中国首个国际航标协会（IALA）工业会员。

南京港是国家综合运输体系的重要枢纽和沿海沿江主要港口，是区域性长江航运物流中心建设的核心载体，是服务长江中上游江海物资转运及长江流域大宗物资和集装箱运输的江海联运枢纽，是长江流域集装箱运输体系的重要节点和上海国际航运中心的重要组成部分。2018年5月8日，长江南京以下-12.5米深水航道二期工程试运行，对国内外船舶开放航行。南京至长江出海口431千米的-12.5米深水航道全线贯通，5万吨级海轮可直达南京港，10万吨级海轮也可减载抵达，标志着长江经济带综合立体交通走廊建设取得重大进展，南京港"海港"地位正式形成。南京港规划建立江海联运港区，其中新生圩港区以杂货、集装箱运输为主，预留滚装运输功能，服务于南京本地及长江沿线地区；龙潭港区以集装箱、干散货和滚装运输为主，服务于后方开发区及长江沿线地区；西坝港区以散杂货、油品运输为主，预留集装箱运输功能，服务于后方园区及长江沿线地区。2018年，南京港累计完成货物吞吐量2.5亿吨，同比增长6.6%，其中外贸货物为3 103万吨，同比增长26.5%，占总数的12.3%。

南京市海洋船舶工业和海工装备制造业通过调结构、促转型实现优化发展。2018年，全市重点监测的海洋船舶工业企业造船完工量为70.5万载重吨，新承订单量为42.2万载重吨，手持订单量为351.7万载重吨，占全省份额的比重分别为4.7%、2.3%、8.4%。2018年4月，南京金陵船厂与意大利Grimaldi公司正式签订了6+6艘两种船型的货物滚装船订单，合同总金额超过8亿美元，这是中国船企近年来接获的批量最大的滚装船订单，其中7 800米车道滚装船是目前世界上最大的货物滚装船。2018年10月，金陵船厂为澳大利亚TOLL公司建造的首艘12 000吨滚装船成功交付，该船是目前世界上先进、环保的货物滚装船。

第二节　无锡市

无锡市是海洋船舶工业和海洋工程装备制造业重镇。无锡市涉海企业产业类别中，海洋工程装备制造业、海洋交通运输业、海洋船舶工业、海洋产品批发业、海洋信息服务业五大产业类别的涉海企业数量比重较高。其中，海洋工程装备制造、海洋交通运输类企业数量比重合计超过30%。

无锡中船海洋探测技术产业园由中国船舶工业集团有限公司在高新区投资设立，以海洋探测与信息技术工程为核心，致力打造海洋工程、海洋资源勘探、海洋信息服务与管控、水下工程装备、船舶运维保障等七大产业集群，形成科技创新研发等"五大中心"，未来将成为无锡打造海洋经济的重要产业基地和创新高地。

无锡市拥有一批海洋船舶工业和海洋工程装备制造业行业龙头企业。中船澄西主要从事船舶及海洋工程修理、建造及大型钢结构件制造，具备年修理、改装30万吨级及以下各类船舶150艘的能力。2018年12月5日，中船澄西为韩国SM集团建造的23号8.2万吨散货船在公司本部船台顺利下水，达到国际先进水平。无锡市依托中国船舶重工集团公司第七〇二研究所技术支撑，积极进军海工装备等产业。2018年2月，七〇二所承担的"多功能远洋渔船冷冻系统及总体设计技术研究"通过验收，该项目突破多项关键技术，为多功能远洋渔船的总体设计提供技术支撑。2018年9月，由七〇二所为中国水产科学研究院东海水产研究所、黄海水产研究所设计的3 000吨级海洋渔业综合科学调查船"蓝海101""蓝海201"成功下水。

无锡（江阴）港是上海国际航运中心的喂给港、区域综合运输的换装港和经济腹地的集散港。2018年，无锡（江阴）港完成货物吞吐量1.7亿吨，其中外贸吞吐量4 397.4万吨、集装箱运量57.4万标箱，同比分别增长10.0%、28.4%和6.1%，其中，金属矿石、煤炭两大货种占全港货物吞吐量的78.3%，比2017年提高2个百分点。无锡（江阴）港与宁波-舟山港、连云港港深入开展大宗散货海进江合作，金属矿石继2017年爆发式增长后仍保持良好势头，2018年完成7 404.6万吨，同比增长8.8%。江阴港区拥有中信等专业化煤炭码头，环保优势明显，近年来上游电厂及大型贸易商在江阴港区的煤炭中转量大幅增加，2018年江阴港区煤炭吞吐量同比增长16.5%，达6 346.8万吨。2018年上半年，筹备4年之久的江阴港国际木材交易中心正式投用，30多家"长三角"地区的贸易商齐聚江阴，开展木材进口业，2018年木材吞吐量达15.39万吨，是2017年的2.3倍。

第三节　常州市

常州市涉海企业产业类别中，海洋工程装备制造业、海洋交通运输业、海洋船舶工业、海洋产品批发业、海洋产品零售业五大产业类别的涉海企业数量比重较高。与其他沿江城市产业分布相比，常州市的海洋产业分布较为均匀，以中小企业为主，龙头企业较少。

常州港是江苏省地区性重要港口，是综合交通运输体系的重要枢纽，是常州市经济社会发展、港产城融合发展和带动沿江产业布局的重要依托。常州港口岸是经国务院批准对外开放的一类口岸。2018年，常州港口累计完成货物吞吐量4 863万吨，同比增长3.1%，其中外贸货物为950万吨，同比增长37.3%；实现集装箱吞吐量31.2万标箱，同比增长23.1%，其中外贸箱11.25万标箱，同比增长8.1%。未来，常州港将以散货、杂货运输为主，积极发展集装箱运输，进一步发挥地区大宗物资转运、集散、物流基地的作用，兼顾长江中上游物资中转运输，构建录安洲港区、圩塘港区和夹江港区"一港三区"的总体发展格局。

涉海设备制造业是常州市重点发展的海洋相关产业。螺旋桨、轴系等船用设备配套产业是船舶工业的重要组成部分，常州市中海船舶螺旋桨有限公司是中国最优秀的船用配套企业之一。目前，在国内螺旋桨行业中，只有常州中海实现了螺旋桨、轴系及桨轴拂配打包供货，不仅缩短了产品的交付周期，也提高了桨轴配合质量。此外，常州市依托常州军民融合产业园、风力发电产业园等园区载体，寻求海洋工程装备等涉海产业的突破。

第四节　苏州市

海洋交通运输业是苏州市主导海洋产业。苏州市涉海企业产业类别中，海洋交通运输业、海洋工程装备制造业、海洋船舶工业、海洋产品批发业、海洋产品零售业五大产业类别涉海企业数量比重较高。

作为苏州市最主要的海洋产业，海洋交通运输业的发展离不开苏州港的强劲优势。苏州港背靠苏州强大的经济发展腹地，紧紧围绕"一带一路"、长江经济带等国家战略，在江苏省港口一体化发展中先行先试，更好地服务于区域经济社会、实现港产城融合发展。苏州港共有3个港区，分别为张家港港区、常熟港区和太仓港区。2018年，苏州港口累计完成货物吞吐量5.3亿吨，位居江苏省第一，全国第六。其中，外贸货物为1.4亿吨，占总数的26.1%。

第五节　扬州市

海工装备和高技术船舶是扬州市重点发展的产业。扬州市涉海企业产业类别中，海洋船舶工业、海洋交通运输业、海洋工程装备制造业、海洋产品批发业、海洋产品零售业五大产业类别的涉海企业数量比重较高。海洋船舶工业与海洋交通运输业是扬州市海洋产业发展的优势所在。

在海洋工程装备方面，扬州市突破海洋风能等新能源开发装备自主设计建造技术、大型吸砂船高效率吸砂设备和系统集成的研发制造等，重点发展海上风塔、自卸式吸砂船等一批专用海洋工程装备。

扬州市海洋工程装备和高技术船舶产业以江都经济开发区、仪征船舶工业园、广陵船舶（重工）产业园为重要载体，形成了以中远海运重工、中航鼎衡、金陵船舶、新大洋造船等为骨干船企，以中船重工七二三所、九力绳缆等为重点配套的产业格局，以高技术船舶、海洋工程装备、船舶配套为重点发展方向，初步实现了集聚化和协同化发展。

2018年，扬州市造船骨干企业转型升级步伐加快，为产品迈向高端市场探路先行。全市重点监测的海洋船舶工业企业造船完工量为168.1万载重吨，新承订单量为104.2万载重吨，手持订单量为437.8万载重吨，占全省份额的比重分别为11.2%、5.8%、10.4%。中航鼎衡积极探索高端化学品船领域，新获首制7 990吨新型可伸缩冗余推进系统化学品船订单。中远海运重工加速技术改造步伐，积极开拓国际船舶市场，首制13 500 TEU集装箱船顺利出坞、首制30.8万吨超大型油轮成功命名，标志着其建造"大、高、新"船舶产品的能力达到了国际先进水平。金陵船舶圆满完成为澳大利亚船东建造12 000吨滚装船的艉门吊装工程，该艉门是目前全球最大的单节艉门，意味着其艉门吊装工程水平达到了国际一流。2018年，扬州市海洋工程装备和高技术船舶产业累计实现开票销售超过110亿元，同比增长近17.0%；造船新接订单量同比增长166.0%，增幅创5年来新高，骨干企业发展提速，海洋工程装备和高技术船舶产业集群发展后劲十足。

2018年8月，《扬州港总体规划》获得江苏省政府批复。在港口布局及岸线规划方面，规划方案以扬州港口优化功能布局、集约高效利用资源为前提，进一步明确了扬州港的功能和定位，从以能源、原材料、木材和液体化工品运输为主，逐步发展成为现代化、多功能的综合性港口。2018年，扬州市沿江港口货物吞吐量首次突破亿吨，其中外贸吞吐量972万吨；沿江港口集装箱运量50.03万标准箱，其中外贸箱17万标准箱。

第六节　镇江市

镇江市海洋科技较为发达，重点发展海洋船舶工业、海洋工程装备制造业和海洋交通运输业等海洋产业。镇江市涉海企业产业类别中，海洋交通运输业、海洋工程装备制造业、海洋船舶工业、海洋产品批发业、海洋技术服务业五大产业类别的涉海企业数量比重较高。其中，海洋交通运输类企业数量比重达到48.0%。

江苏科技大学以海洋装备研究院为龙头，结合镇江市重点产业板块需求，建设企业研发技术中心，打造镇江海洋产业科技创新与转型升级的"引擎器"；充分发挥校友广泛分布在船舶行业的优势，为镇江和海工船舶产业界的交流合作牵针引线，吸引更多的海工船舶产业企业和科研院所到镇江投资落户。2018年10月，江苏科技大学牵头主持的国家重点研发计划"深海关键技术与装备"重点专项"基于增材制造技术研制用于FLNG装置的紧凑高效换热器"以及"船载无人潜水器收放系统"项目在镇江启动，相关研究处于行业前沿。

镇江市将海工船舶纳入全市"3+2+X"产业链体系加以重点扶持，依托镇江高新区、扬中高新技术船舶两大产业基地，构建特种船舶制造、海工装备制造、船舶关键配套、海工关键配套四大特色板块，推动优势海洋产业集聚发展。镇江高新区着力发展船舶与海工配套产业，集聚镇江船厂、中船动力、中船日立、镇江船舶电器、挪威康士伯、德国贝克尔等重点企业，引进"中-乌船舶及海洋工程跨国技术转移中心"、江苏科技大学海洋装备研究院等涉海战略平台，建立了较为完备的船舶与海工配套产业链，产品涉及多功能全回转工作船、海洋石油平台支持船、船用中低速柴油机、船舶导航控制系统、配电系统、船用导流罩、螺旋桨、甲板机械等多个门类，其中全回转港口作业船、船用中速柴油机在行业细分市场处于行业领先地位，诞生了中船动力陆用电站系统、镇江船舶电器岸电系统、挪威康士伯的液位测量系统、德国贝克尔的高性能船用导流罩等一批行业"单打冠军"。2018年，镇江市海工船舶规模以上企业实现主营业务收入112亿元，同比增长22.0%。

镇江港是长江三角洲重要的江海河、铁公水联运综合性对外开放港口，全国主枢纽港之一，是长江最大的铁矿石中转港和非主流铁矿石最大贸易港、全国最大的元明粉出口港、全国最大的硫磺进口港、长江最大的化肥出口港、长江最大的钾肥进口港、长江最大的锂辉石进口港和长江最大的散集联运中心。2018年，镇江港口累计完成货物吞吐量1.5亿吨，同比增长7.9%，其中外贸货物为3 750万吨，同比增长11.1%。

第七节　泰州市

泰州市是海洋船舶与海工装备制造大市。泰州市涉海企业产业类别中，海洋船舶工业、海洋工程装备制造业、海洋交通运输业、海洋产品批发业、海洋产品零售业五大产业类别的涉海企业数量比重较高。

2018年，泰州市海洋船舶工业发展势头良好，靖江市造船产业集群入选"江苏省百家重点产业集群"，全市重点监测的海洋船舶工业企业造船完工量为891.6万载重吨，新承订单量为1 188.5万载重吨，手持订单量为2 217.9万载重吨，占全省份额的比重分别为59.5%、66.1%、52.8%。2018年10月，靖江市获批国家级新技术船舶特色产业基地，为科技部认定的船舶行业全国唯一的产业基地，形成了以新主力整船制造企业为骨干、向产业链上下游延伸的整体产业布局，涵盖船舶动力、舾装、锚链、电器、仪表、导航等诸多领域。

泰州市拥有一批海洋船舶与海工装备龙头企业。扬子江船业瞄准超大型集装箱船、超大型散货船、LNG等高端船型，加大设计研发力度，企业效益连续7年居全国同行首位。新时代造船瞄准超大型油轮、液化气船、化学品船等高难度船型，在设计建造领域取得突破性进展。亚星锚链是从事船用锚链和海洋系泊链及附件的海工装备龙头企业，是我国大型船用锚链和海洋系泊链及附件的生产和出口基地。2018年12月，亚星锚链生产的锚链（系泊链）入选国家工信部第三批制造业单项冠军和单项冠军产品名单。

泰州港是长江中上游西部地区物资中转运输的重要口岸，是江海河联运、铁公水中转、内外贸运输的节点，也是上海组合港中的配套港和国际集装箱运输的支线港及喂给港。泰州市沿江地区依托港口形成船舶制造、石化、粮油、能源和冶金五大支柱产业，临港特色产业集聚效应凸显。2018年，泰州市依托泰州港至上海港外高桥港区"精品快航"直达航线，加强与上海港合作，以引进国际供应链管理模式为突破口，完善港口基础设施，推动临港产业集群，积极打造联接长江上下游的江海联运中心港。2018年，泰州港货物吞吐量突破2亿吨大关，海船货物吞吐量首次超过1亿吨。

附　录

海洋经济主要名词解释

海洋经济：开发、利用和保护海洋的各类产业活动，以及与之相关联活动的总和。

海洋生产总值：海洋经济生产总值的简称，指按市场价格计算的沿海地区常住单位在一定时期内海洋经济活动的最终成果，是海洋产业和海洋相关产业增加值之和。

增加值：按市场价格计算的常住单位在一定时期内生产与服务活动的最终成果。

海洋产业：开发、利用和保护海洋所进行的生产和服务活动。海洋产业主要表现在以下五个方面：直接从海洋中获取产品的生产和服务活动；直接从海洋中获取的产品的一次加工生产和服务活动；直接应用于海洋和海洋开发活动的产品生产和服务活动；利用海水或海洋空间作为生产过程的基本要素所进行的生产和服务活动；海洋科学研究、教育、管理和服务活动。

海洋科研教育管理服务业：开发、利用和保护海洋过程中所进行的科研、教育、管理及服务等活动，包括海洋信息服务业、海洋环境监测预报服务、海洋保险与社会保障业、海洋科学研究、海洋技术服务业、海洋地质勘查业、海洋环境保护业、海洋教育、海洋管理、海洋社会团体与国际组织等。

海洋相关产业：以各种投入产出为联系纽带，与海洋产业构成技术经济联系的产业，涉及海洋农林业、海洋设备制造业、涉海产品及材料制造业、涉海建筑与安装业、海洋批发与零售业、涉海服务业等。

海洋渔业：包括海水养殖、海洋捕捞、远洋捕捞、海洋渔业服务业和海洋水产品加工等活动。

海洋油气业：在海洋中勘探、开采、输送、加工原油和天然气的生产和服务活动。

海洋矿业：包括海滨砂矿、海滨土砂石、海滨地热与煤矿和深海矿物等的采选活动。

海洋盐业：利用海水生产以氯化钠为主要成分的盐产品的活动。

海洋船舶工业：以金属或非金属为主要材料，制造海洋船舶、海上固定及浮动装置的活动，以及对海洋船舶的修理及拆卸活动。

海洋化工业：以海盐、海藻、海洋石油为原料的化工产品生产活动。

海洋药物和生物制品业：以海洋生物为原料或提取有效成分，进行海洋药物和生物制品的生产加工及制造活动。

海洋工程建筑业：用于海洋生产、交通、娱乐、防护等用途的建筑工程施工及其准备活动。

海洋可再生能源利用业：在沿海利用海洋能、海洋风能等可再生能源进行的生产活动。

海水淡化和综合利用业：对海水的直接利用、海水淡化和海洋化学资源综合利用活动。

海洋交通运输业：以船舶为主要工具从事海洋运输以及为海

洋运输提供服务的活动。

海洋旅游业：依托海洋旅游资源，开展的观光旅游、休闲娱乐、度假住宿、体育运动等活动。

沿海地区：即广义的沿海地区，是指有海岸线（大陆岸线和岛屿岸线）的地区，按行政区划分为沿海省、自治区、直辖市。

沿海城市：是指有海岸线的直辖市和地级市（包括其下属的全部区、县和县级市）。

沿海地带：即狭义的沿海地区，是指有海岸线的县、县级市、区（包括直辖市和地级市的区）。

北部海洋经济圈：由辽东半岛、渤海湾和山东半岛沿岸地区所组成的经济区域，主要包括辽宁省、河北省、天津市和山东省的海域与陆域。

东部海洋经济圈：由长江三角洲的沿岸地区所组成的经济区域，主要包括江苏省、上海市和浙江省的海域与陆域。

南部海洋经济圈：由福建、珠江口及其两翼、北部湾、海南岛沿岸地区所组成的经济区域，主要包括福建省、广东省、广西壮族自治区和海南省的海域与陆域。

上述名词解释主要摘自《第一次全国海洋经济调查海洋及相关产业分类》（GB/T 4754—2011）、《中国海洋统计年鉴》《2018年中国海洋经济统计公报》。